Kai-Uwe Thiessenhusen • Axel von Blomberg
Der Rasende Roland

Rhino Westentaschen-Bibliothek
Band 57

OSTSEE
Kap Arkona
Altenkirchen
Wiek
Wittow
Bug
Woldenitz
Herthasee
Jasmund
Sagard
Großer Jasmunder Bodden
Sassnitz
Trent
Lietzow
Fährhafen Mukran
Kartzitz
Ummanz
Patzig
Ralswiek
Kleiner Jasmunder Bodden
Prora
Gingst
Rügen
Bergen
Ostseebad Binz
Binz LB
Serams
Garftitz
Seelvitz
Posewald
Jagdschloss Granitz
Beuchow
Putbus
Samtens
Rambin
Altefähr
Lauterbach
Vilm
Mönchgut
Garz
Gustow
Stralsund
Puddemin
Zudar
Greifswalder Bodden
heutige Schmalspurbahn
ehemalige Schmalspurbahn
Normalspurstrecke

Kai-Uwe Thiessenhusen
Axel von Blomberg

Der Rasende Roland

RHINOVERLAG

Trotz gewissenhafter Bearbeitung kann eine Haftung für den Inhalt nicht übernommen werden. Für aktuelle Ergänzungen und Anregungen ist der Verlag jederzeit dankbar.

Fotos: Seiten 6/7, 32, 39, 45, 46, 49, 50, 58/59, 61, 62/63, 66, 76, 78/79, 81, 82/83, 85, 91, 89: Kai-Uwe Thiessenhusen; Seiten 10/11, 19, 26, 29, 40, 42, 44, 54, 56/57, 64, 70/71, 72/73, 93: Axel von Blomberg; Seite 13: Richard Peter, Deutsche Fotothek (CC-BY-SA 3.0 de); Seite 16, 74/75: Thomas Hoffmann; Seite 20: Deutsche Fotothek (CC-BY-SA 3.0 de); Seiten 22/23: Achim Rickelt; Seiten 24, 37, 86/87: Dr. Lutz Gebhardt; Seiten 35, 52/53, 68: Johannes Düring; Rückseite: canicula (Fotolia.com)

Impressum

Am Hang 27, 98693 Ilmenau
Tel.: 03677 / 46628-0, Fax: 03677 / 46628-80
www.RhinoVerlag.de

Titelbild: Rasender Roland im Bahnhof Sellin Ost; Dr. Lutz Gebhardt
Kartographie: Verlag ***grünes herz***®
Layout, Satz: Ute Schmidt, Geraberg
Schrift: Adobe Garamond Pro
Titelgestaltung: Jana Rogge, Weimar

1. Auflage 2017
ISBN: 978-3-95560-057-0

Inhaltsverzeichnis

Seite

Rügen verzaubert

Rügen, allein der Südosten der Insel, bietet auf engem Raum fast alle Landschaftsformen, die wir an der deutschen Ostseeküste finden: hohe Steilküsten neben flachen Nehrungen mit sandigen Stränden und die ruhigen Ufer des Boddens. Caspar David Friedrich und viele anderen Künstler fanden hier ihre Motive.

Durch die Landschaft dampft seit über 120 Jahren der Rasende Roland auf schmalen Gleisen. Auf dem ersten Blick hat sich kaum etwas geändert, wie eine Zeitreise.

Durch die hügelige Landschaft der Granitz strebt 99 1782 mit ihrem langen Zug beim Bahnhof Garftitz dem höchsten Punkt der Strecke entgegen.

Die Gegend entlang der Strecke könnte kaum eindrucksvoller sein: Von der Boddenküste bei Lauterbach über die Residenzstadt Putbus, dann durch hüglige Landschaft mit weiten Blicken. Es folgen Binz, das größte Seebad der Insel und

dann das bergige Waldgebiet der Granitz, gekrönt vom Jagdschloss der Fürsten zu Putbus. In Sellin erreichen wir den nächsten größeren Badeort. Der Höhenunterschied von der Steilküste zur Seebrücke wird hier mit einem Schrägaufzug

überwunden. Zwischen Bodden und Meer führt uns das Bähnchen auf die Halbinsel Mönchgut, mit Baabe und Göhren, wo die Strecke fast direkt am Strand ihren Endpunkt hat.

Woher kommt eigentlich der Name „Rasender Roland"? So genau weiß man das nicht. Man sagt, er würde von sächsischen Urlaubern stammen, die in den 1950er- oder 1960er-Jahren hier den Sommer verbrachten und das Bähnchen liebevoll-ironisch so tauften. Schade, wir hätten gerne hier eine spannendere Geschichte erzählt.

Erst relativ spät, im Jahr 1891, erhielt die Insel Rügen Eisenbahnanschluss. In jenem Jahr ging die Strecke von Altefähr über Bergen nach Saßnitz (wie sich der Ort damals schrieb) mit einem Abzweig über Putbus

Auf Jagdschloss Granitz residierte Wilhelm Malte II. von Putbus, der die Bahn erbauen ließ

nach Lauterbach in Betrieb. Zwar musste man von Stralsund nach Altefähr noch mit einer Fähre übersetzen, aber dennoch reifte natürlich auch in den Orten im Hinterland und den Badeorten an der Ostsee schnell das Interesse an einem Eisenbahnanschluss.

Treibende Kraft hinter den Plänen war Fürst Wilhelm Malte II. zu Putbus. Die Fürsten zu Putbus besaßen umfangreiche Ländereien auf der Insel. Großvater Wilhelm Malte I. hatte Putbus zu einer repräsentativen Residenz ausgebaut. Ein eindrucksvolles Ensemble aus weißen klassizistischen Bauten entstand im Ortskern. Auch das berühmte Jagdschloss Granitz entstand unter seiner Herrschaft.

Das Preußische Kleinbahngesetz von 1892 ermöglichte den kostengünstigen Bau von zusätzlichen lokalen Eisenbahnen unter Finanzierung durch private Investoren oder durch Kommunen und Landkreise. Am 26. Februar 1895 gründete sich die „Rügensche Kleinbahn-Aktiengesellschaft" (Rü.K.B.), Hauptaktionär war Wilhelm Malte II. und dann ging es für heutige Verhältnisse geradezu unvorstellbar schnell: am 17. Juni 1895 erteilte der Stralsunder Regierungspräsident die Konzession für den Bau einer Schmalspurbahn mit 750 Millimetern Spurweite, am 21. Juli, also nur einen guten Monat später, waren die ersten 10,8 Kilometer, der Abschnitt von Putbus nach Binz, fertig.

Die Rügensche Kleinbahn in den 1950er-Jahren

Am Ende des folgenden Jahres war das Streckennetz fast schon komplett: Züge fuhren auf den Strecken Putbus–Binz–Sellin, Altefähr–Garz–Putbus und Bergen–Altenkirchen. Nur die Fertigstellung der letzten fünf Kilometer von Sellin bis Göhren dauerte noch bis zum 13. Oktober 1899. Damit war ein Netz von 97,7 Kilometern Gesamtlänge entstanden. Billig war der Bau für damalige Verhältnisse übrigens nicht, da teilweise relativ schwieriges Gelände zu überwinden war. Was der Tourist an Rügen liebt, ist für den Ingenieur eine Herausforderung. Aber es wurde ein Erfolg, denn die Sommerfrischler waren ja in Ferienlaune und das Geld saß locker. Also lohnte sogar manchmal ein Speisewagen und abends fuhr bis 1917 ein „Theaterzug" die Gäste vom Strand in Binz zum Theater von Putbus und zurück.

Wie bei vielen anderen Privatbahnen in Preußen übernahm die Stettiner Firma Lenz & Co. den Bau und die Betriebsführung in den ersten Jahren. Die Gesellschaft hatte einheitliche Bau- und Betriebsvorschriften eingeführt, so dass man

Altefähr–Göhren Rügen (Stettin)

	Z 1			Z 7		Z 9					
...	7·0	...	...	2·15	...	5·30	...	...	km	Ab	Altefähr 51
...	7·42	...	...	2·59	...	6 19	...	(Theater) Z 17	12,6		Poseritz
...	8·18	...	...	3·37	...	6 59	..	11 16	23,2		Garz
• Z 11	8·58	Z 3	Z 5	4·15	☿ F 13	7 41	(Theater) Z 15	11 53	35,3	An	Putbus 51d
5 34	9 15	11·12	3 10	4·42	6 38	8 5	10 32	...	35,3	Ab	
5 47	9·28	11·25	»	4·55	»	8 18	10 45	...	39,0		Posewald
6·13	9·54	11·34	3·45	5·25	7 15	8 45	11 10	...	46,1		Binz 100
6·20	10·2	12·2	3·53	5·33	7 23	8 53	...	...	48,5		Jagdschloß
»	»	»	»	»	7 28	»	...	...	49,8		Garftitz
»	10·18	12·18	4·8	5·49	7 40	9 9	...	...	53,2		Sellin West
»	10·23	12·23	4·13	5·54	7 45	9 15	...	...	54,6		Sellin Ost 100
»	10·28	12·28	»	5·59	7 50	0 20	...	...	55,9		Baabe 100
6·55	10 41	12·41	4 30	6 11	8 6	9 35	...	...	59,6	An	Göhren 100

• Züge 11 u. 12 verkehren nur bis 15 September

(Theater) Züge 15, 16, 17 u. 18 nur an den Spieltagen des Theaters zu Putbus Z 16 u. 17 außerdem an F bis 17/9

☿ F 13 u. 14 verkehren bis 15/9 täglich

Z 2	• Z 12	Z 4	Z 6	Z 8	Z 10	☿ F 14					
5 22	7·5	11·4	1 28	4 40	6 25	8 50	...	...	km	Ab	Göhren 100
5 37	7·20	»	»	»	»	9 5	...	...	3,7		Baabe 100
5 42	7·25	11·23	1·45	4·58	6 43	9 14	...	...	5,0		Sellin Ost 100
5 47	7·30	11·28	1·50	»	6 48	9 18	...	...	6,4		Sellin West
5 59	»	»	»	»	»	»	...	...	9,7		Garftitz
6·3	7·46	11·44	2·5	5·18	7 3	9 34	...	(Theater) Z 18	11,1		Jagdschloß
6·13	7·54	11·53	2·13	5·27	7 13	9 43	...	11 12	13,5		Binz 100
6·38	8·19	12·20	2·37	5·52	»	»	...	»	20,6		Posewald
6·51	8·32	12·32	2 50	6 5	7 47	10 19	(Theater) Z 16	11 46	24,3	An	Putbus 51d
7·31	...	...	3·0	...	7 53	...	10 38	...	24,3	Ab	
8·38	...	...	3·42	...	8 33	...	11 14	...	36,4		Garz
9·24	...	...	4·24	...	9 10	...	...	...	47,0		Poseritz
10·15	...	...	5·10	...	9 51	...	...	...	59,6	An	Altefähr 51

Fahrplan auf der Strecke Altefähr–Putbus–Göhren aus dem Jahr 1905. Abends fahren spezielle Theaterzüge.

möglichst rentabel arbeiten konnte. Auch die Fahrzeuge auf den Eisenbahnen der Gesellschaft waren weitgehend einheitlich, so dass sie flexibel auf verschiedenen Strecken eingesetzt werden konnten.
Ab 1910 gehörte die Strecke zum Provinzialverband der Provinz Pommern, nach dem Ersten

Schweres Gerät nötig – Dampflok mit Pflug vorne und hinten

Weltkrieg zur Vereinigung vorpommerscher Kleinbahnen. Es gab vor dem Ersten Weltkrieg und erneut in den 1920er-Jahren eine Reihe von Plänen zur Erweiterung des Netzes. Dazu zählte eine Verbindung von Garz über Samtens, Gingst nach Bubkevitz an der Altenkirchener Strecke; eine Verlängerung der Strecke von Altenkirchen nach Kap Arkona, ein großer Kreidehafen in Wiek oder eine Stichstrecke von Trent nach Schaprode.

Realisiert wurde nur eine einzige: ein 1918 eröffneter Abzweig von Wiek über Dranske zur Halbinsel Bug. Er diente vor allem militärischen Zwecken, war aber nur wenige Jahre in Betrieb. Hinzu kamen einige Anschlussbahnen für den Güterverkehr sowie insgesamt zwölf Feldbahnzubringer zu verschiedenen Gutshöfen in der Nähe der Strecken. Alle anderen Netzausbaupläne scheiterten letztlich am Geld, obwohl manche Projekte bereits genehmigt worden waren. So blieb es dabei, dass die beiden Schmalspurstrecken auf der Insel nicht direkt miteinander verbunden waren.

Eine bis zur Verkehrseinstellung 1968/69 gerne bestaunte, Besonderheit gab es auf der Strecke von Bergen nach Altenkirchen: hier trennte der Rassower Strom die Halbinsel Wittow vom rügenschen Kernland. Schon bei den ersten Planungen für die Bahn hatten Fischer dagegen protestiert, dass hier ein Damm oder eine Brücke entstehen könnte. Und wozu auch, bei drei, vier Zügen am Tag.

So besorgte eine Fähre den Bahn-Transport über das Wasser zum nördlichen Abschnitt, der nun sozusagen einen „Inselbetrieb" im doppelten Sinne darstellte. Übersetzt wurden in der Regel nur Güterwagen und bei Bedarf Lokomotiven, die Fahrgäste gingen zu Fuß auf die Fähre. Das erste Fährschiff, die „Wittow", nahm zur Streckeneröffnung 1896 seinen Dienst auf. Verstärkung erhielt sie 1911 durch die „Jasper von Malzahn", später in „Bergen" umgetauft. Die Wittower Fähre war stets im Besitz der jeweiligen Bahngesellschaft. Auch nach Einstellung des Eisenbahnverkehrs blieb sie noch einige Jahre im Besitz der Deutschen Reichsbahn, dann kam sie zur Wei-

Alter Anleger Wittower Fähre

ßen Flotte. Sie dient weiterhin dem Straßenverkehr auf die Halbinsel Wittow. Die beiden alten Fährschiffe blieben bis Mitte der 1990er-Jahre in Dienst und wurden dann durch neue ersetzt.

Personenzug mit Güterbeförderung in den Wäldern der Granitz

Streckenerweiterungen gab es aber bei der „großen“ Bahn auf der Insel. 1936 ging der Rügendamm in Betrieb. Damit konnten die Züge direkt auf die Insel fahren und mussten nicht mehr den umständlichen Weg über die Fähre von Stralsund nach Altefähr nehmen. 1938 wurde die Strecke Lietzow–Binz eröffnet. Vor allem sollte damit der die von der Organisation „Kraft durch Freude“ geplante gigantische Ferienanlage bei Prora erschlossen werden. Aber auch für Reisende direkt nach Binz ging es so viel schneller im Vergleich zum Umsteigen in Putbus und der Kleinbahnfahrt. Zur Verbindung beider Strecken in Binz kam es nicht. Seitdem besitzt der Ort zwei getrennte Bahnhöfe. Die neue Eisenbahn nach Binz hätte fast das Aus für die Schmalspurbahn bedeutet: Die Regelspurstrecke sollte die Kleinbahn von Binz über Sellin nach Göhren ersetzen und weiter bis Thiessow an der Südostspitze der Insel führen. Ein weniger hochtrabendes Projekt war die Anbindung der Schmalspurbahn an den Binzer Normalspurbahnhof. Doch der Krieg ließ alle Pläne schnell platzen. So blieb es bis heute wie gehabt.

Gezeichnet von der Fahrt – Dampflok in der Dämmerung

1940 wurde die Rü.K.B. als Gesellschaft aufgelöst und die Strecken wurden Teil der Pommerschen Landesbahnen. Nach Ende des Zweiten Weltkriegs wurde 1949 die Rügener Schmalspurbahn, wie alle dem öffentlichen Verkehr dienenden Eisenbahnen auf dem Gebiet der Sowjetischen Besatzungszone verstaatlicht und an die Deutsche Reichsbahn übertragen.

Für den Personenverkehr war in den 1950er-Jahren vor allem die Strecke Putbus–Göhren für den wieder auflebenden Urlauberverkehr zu den Badeorten von Bedeutung, auf den anderen Streckenabschnitten fuhren meist nur drei oder vier Züge am Tag. Der Güterverkehr diente vor allem der Landwirtschaft.

Mit dem Ausbau der Straßen auf der Insel sank die Bedeutung der Bahn. Auch der Güterverkehr auf der Schiene ging mit der zunehmenden Motorisierung der landwirtschaftlichen Betriebe zurück. 1967 endete der Verkehr zwischen Altefähr, Garz und Putbus, 1968 zwischen der Wittower Fähre und Altenkirchen und 1969/1970 zwischen Bergen und der Wittower Fähre. Übrig blieb die Strecke Putbus–Göhren, die stets die am meisten nachgefragte Schmalspurstrecke auf der Insel war. Allerdings dient auch sie seit einen halben Jahrhundert nur noch dem Personenverkehr, der Güterverkehr war im

Dezember 1967 eingestellt worden. Stilllegungspläne hatte es auch hier gegeben. Schon 1964 wollte die Deutsche Reichsbahn die Strecke fast aufgeben, nachdem ein harter Winter größere Schäden an der Strecke verursacht hatte. Doch die Gemeinden protestierten: sie verwiesen auf den starken Urlauberverkehr und die schlechten Straßen.

Das Lokomotivwerk in Potsdam-Babelsberg baute 1953 neue, leistungsfähige Schmalspurdampfloks. 99 1784 kommt nun auf Rügen vor langen Zügen zum Einsatz.

Die Straßen wurden besser und so rückte mit dem Jahr 1976 der nächste geplante Einstellungstermin näher. Doch kurz vorher setzte ein Umdenken ein. Das Ministerium für Verkehrswesen der DDR erließ Mitte der 1970er-Jahre eine Liste von zunächst sieben touristisch bedeutsamen Schmalspurbahnen der DDR, die zu erhalten seien. Der Rasende Roland war zunächst noch nicht dabei. Doch die SED-Führung des Bezirkes Rostock konnte überzeugt werden, die Bahn zu retten. 1975 wurde die Bahn als „Denkmal der Produktions- und Verkehrsgeschichte“ auf die Denkmalliste des Bezirkes gesetzt und bekam damit zunächst eine gesicherte Perspektive. Der Oberbau wurde in den folgenden Jahren erneuert, wenn auch mit gebrauchtem Material, sodass er gerade mal 20 Jahre lang hielt.
Nach der Wende wurde die Bahn an den Landkreis Rügen zurückübertragen, die Betriebsführung blieb zunächst bei der Deutschen Reichsbahn. Sie ließ im Werk Görlitz einige der Lokomotiven der Bahn aufarbeiten. Der Landkreis sah sich selbst außerstande, eine Eisenbahn

zu betreiben und verkaufte sie 1994 an die Rügensche Kleinbahn GmbH & Co. KG, eine Tochtergesellschaft der Karsdorfer Eisenbahn. Zum 1. Januar 1996 wurde die Übernahme wirksam. Ein Jahr später übernahm das Unternehmen

zu einem symbolischen Preis auch die Fahrzeuge. Die Strecke wurde in den folgenden Jahren gründlich saniert.

1999 wurden Pläne verwirklicht, die schon hundert Jahre vorher aufgekommen waren: ein Dreischienengleis ermöglicht nun direkte Fahrten der Schmalspurbahn über Putbus hinaus auf der Trasse der Normalspurbahn nach Lauterbach Mole. Schon um 1900 hatte die Kleinbahngesellschaft auf eine Verlängerung der Strecke zum Lauterbacher Hafen gedrängt, damals allerdings vergeblich.

2004 begannen turbulente Jahre. Nachdem die Muttergesellschaft in Insolvenz ging, gab es ein Hin und Her um den Verkauf mit diversen Streitigkeiten der alten und der neuen Eigentümer. Mehrfach drohte der Bahn das Aus. Die Belegschaft musste für ihre Jobs kämpfen, der Landkreis mehrfach eingreifen und diverse Gerichte waren beschäftigt.

2005 kam es zu einem spektakulären Unfall in Binz durch eine falsche Weichenstellung, sodass zwei Züge frontal zusammenstießen. Aber aufgrund der geringen Geschwindigkeit des Zuges blieben die rund 70 Fahrgäste bis auf kleine Blessuren unverletzt.

Im Jahr 2007 gab das Land Mecklenburg-Vorpommern nach Durchführung einer Ausschreibung bekannt, dass der Verkehrsvertrag mit der RüKB nicht mehr verlängert werden und zum 31. Dezember des Jahres enden würde. Als Bieter mit dem wirtschaftlichsten Angebot setzte sich die Eisenbahn-Bau und Betriebsgesellschaft Preßnitztalbahn mbH, kurz PRESS, als künftige Betreiber des Verkehrs auf dem Rasenden Roland ab 1. Januar 2008 durch.

Zu Beginn gab es erhebliche Reibereien. Unterlegene Ausschreibungsteilnehmer klagten, der bisherige Betreiber weigerte sich, die Fahrzeuge herauszugeben. Für zweieinhalb Monate ruhte der Betrieb auf der Strecke völlig. Am 18. März 2008 konnte die PRESS, zunächst mit einem Notfahrplan und geliehenen Fahrzeugen, den Betrieb wieder aufnehmen. Seit Sommer 2008 läuft der Betrieb wieder stabil. Der Name „Rügensche Kleinbahn" blieb bei der alten Gesellschaft.

Schon seit 1925 fährt die Lok mit der heutigen Nummer 99 4633 auf der Insel Rügen

Deswegen vermarktet die PRESS ihre Strecke seitdem als „Rügensche BäderBahn – Rasender Roland“, kurz RüBB.

Und so dampfen weiterhin die Züge über die Insel und sind bis heute eine Attraktion für Touristen und Einheimische. Im Sommer fahren die Züge zwischen Binz und Göhren stündlich, zwischen Lauterbach Mole und Binz alle zwei Stunden. Im Winterhalbjahr sind die Züge alle zwei Stunden zwischen Putbus und Göhren unterwegs. Den Verkehr auf dem „Rasenden Roland“ betreibt die „PRESS“. Das ist die Kurzbezeichnung der „Eisenbahn-Bau- und Betriebsgesellschaft Pressnitztalbahn mbH“. Was bedeutet eigentlich dieser Name? Die Erklärung dafür findet sich in einer ganz anderen Region.

Während sich um 1975 der Erhalt von acht touristischen Schmalspurbahnen in der DDR abzeichnete, letztlich auch mit der Strecke nach Göhren, fiel die „Preßnitztalbahn“ zwischen Wolkenstein und Jöhstadt im Erzgebirge nicht darunter. Die Stilllegung konnte nicht sofort geschehen, denn Kühlschränke aus einem Werk an der Strecke wurden per Bahn transportiert und es gab lange Zeit noch keine Alternative auf der Straße. Doch 1984 war es dann soweit: der Personenverkehr wurde unter – für die damalige DDR ungewöhnlich heftigen – Protesten eingestellt, zwei Jahre später endete auch der Güterverkehr.

Bereits 1988 gründete sich unter dem Dach des Kulturbunds der DDR eine Gruppe, die sich den Erhalt der verbliebenen Fahrzeuge und Anlagen der Strecke zum Ziel setzte. Nach der Wende wurde ein eingetragener Verein daraus, der sich den Wiederaufbau eines Teils der Strecke zum Ziel setzte. Vereinsmitglieder waren auch im Jahr 2000 an der Gründung eines „richtigen" mittelständischen Eisenbahnunternehmens beteiligt.

Als das Land Mecklenburg-Vorpommern im Jahr 2007 die Verkehrsleistungen des „Rasenden Roland" ausschrieb, konnte die PRESS gewinnen und übernahm im März 2008 den Verkehr auf der Strecke, im Juni des gleichen Jahres auch den Betrieb der Infrastruktur. Seit Ende 2009 betreibt sie außerdem auch den Verkehr auf der Regelspurstrecke Bergen–Putbus–Lauterbach. Im März 2015 übernahm sie zudem die Infrastruktur mit dem Dreischienengleis zwischen Putbus und Lauterbach Mole.

Das Unternehmen bietet auch Sonderfahrten mit historischen Lokomotiven an. Vor allem kann man die Lokomotiven der PRESS aber vor vielen Güterzügen sehen.

99 4632 (Mh 52) ist die ältesten Lok auf der Insel. Sie erhielt wieder ihren historischen grünen Anstrich.

Lokomotiven

Wenn man die Züge ankommen sieht, ist natürlich der erste Blick auf die fauchende Lokomotive gerichtet, die Kraft ausstrahlt. Der Druck des heißen Kessels, das Zischen und Dampfen und dann diese schmale Spur, das bildet einen eindrucksvollen Kontrast.

In den ersten Betriebsjahren umfasste der Lokomotivbestand der Rü.K.B. sechs Fahrzeuge der Bauart *n* der Lenz-Bahnen. Bald darauf wurden wegen des wachsenden Bedarfs fünf stärkere Mallet-Lokomotiven der Baureihe *nn* beschafft. Diese waren bis in die 1960er-Jahre im Einsatz.
Heute besitzt das Unternehmen insgesamt acht Dampflokomotiven, die zwischen 1914 und 1953 gebaut worden sind:

99 4632 (Mh 52)

Die Lok ist das älteste Fahrzeug der RüBB und eine echte Einheimische: 1914 wurde sie von den Stettiner Vulcan-Werken an die Rügensche Kleinbahn ausgeliefert. Insgesamt wurden in den Jahren 1913/14 dort acht baugleiche Lokomotiven für pommersche Schmalspurbahnen gebaut, zwei davon kamen nach Rügen. Bei den Lenz-Bahnen erhielten sie die Gattungsbezeichnung „M“, später „Mh“ nach der Umrüstung auf Heißdampf. Bei solchen Loks wird Wasser in einem Druckkessel erhitzt, der Dampf treibt dann das Fahrzeug an. Die 99er-Nummerierung stammt aus der Zeit nach der Übernahme durch die Deutsche Reichsbahn im Jahr 1949.

Ihre Schwester, die 99 4631 (Mh 51), hat eine bewegte Geschichte. Sie war bis Mitte der 1980er auf Rügen in Einsatz, wurde dann in die Bundesrepublik an einen Privatmann verkauft und stand in Lehrte bei Hannover als Denkmallok. 2002 kam sie wieder auf die Insel, ins Eisenbahnmuseum in Prora, dann wieder zur Rügenschen Kleinbahn. Nach 2008 verblieb sie bei der alten Gesellschaft und ist nun in Baden-Württemberg abgestellt.

---

99 4633 an einem Winterabend im Bahnhof Binz LB. Nach mehreren Farbwechseln fährt sie derzeit wieder in schwarz.

99 4633 (Mh 53)

Die 99 4633 ist die jüngere Schwester der 4632. Sie wurde 1925 ebenfalls bei Vulcan in Stettin gebaut und war weitgehend baugleich mit den M-Lokomotiven. Anders als diese wurde sie von Anfang an mit Heißdampf statt mit Nassdampf betrieben. Da sich dies bewährte, wurden auch die älteren Fahrzeuge auf Heißdampf umgestellt. Sie war die ganzen Zeit auf Rügen im Einsatz. Beide Loks wurden Anfang der 1990er wieder als Traditionslok in ihrer historischen grünen Farbgebung wiederhergestellt und erhielten wieder ihre alten Nummern.

99 4801
99 4802

Die zwei Lokomotiven wurden 1938 bei Henschel gebaut und kamen bei den Kleinbahnen des Kreises Jerichower Land I (KJI) östlich von Magdeburg zum Einsatz, wo sie die Nummern KJI 21 und 22 trugen. Nachdem das dortige Netz in den 1960er-Jahren stillgelegt wurde, kamen sie nach Rügen. Heute erledigen sie einen großen Teil der Personenzugdienste.

Lok 99 4802 in Putbus

99 1781
99 1782
99 1784

Diese Lokomotiven gehören zu einer Serie, die 1953 in Babelsberg gebaut wurde und zuerst bei den Schmalspurbahnen in Sachsen im Einsatz waren. Im Sommer findet man meist diese vor den Zügen. Die älteren, kleinen Loks kommen vor allem im Winterhalbjahr zum Einsatz, wenn die Züge kürzer sind.

99 1784 trifft in Sellin Ost auf den Gegenzug

Bei der Deutschen Reichsbahn hatten die drei Lokomotiven zunächst die Nummern 99 781, 99 782 und 99 784, die im Zuge der EDV-Einführung umgestellt wurden. 99 782 und 99 784 waren bei verschiedenen sächsischen Schmalspurbahnen im Einsatz und kamen zur Verstärkung nach Rügen. Anfang der 1990er-Jahre wurden beide Fahrzeuge mit neuen Kesseln ausgestattet.
Etwas windungsreicher war der Weg der 99 1781. Auch sie war bis 1992 in Sachsen im Einsatz, wurde dann ausgemustert und im DB-Eisenbahnmuseum in Nürnberg ausgestellt. 2006 erwarb sie die IG Preßnitztalbahn e.V., der Verein, aus dem die PRESS hervorgegangen war. 2010 verkaufte sie der Verein an den Landkreis Vorpommern-Rügen. Sie sollte die 99 1783 ersetzen, die bei der alten Gesellschaft der RüKB verblieben war. Nach einer Aufarbeitung im Dampflokwerk Meiningen ist sie seit 2011 wieder auf der Insel im Einsatz.

99 4011 erhält in Göhren frisches Wasser. Etwa 2000 Liter Wasser braucht eine Lok für die Fahrt von Putbus nach Göhren.

99 4011

Die Lok wurde 1931 bei Orenstein & Koppel in Drewitz bei Potsdam (dem Vorgänger des Babelsberger Lokomotivwerkes) gebaut. Sie ist ein Vertreter einer Lokbauart, wie sie für Industriebahnen gebaut wurde. Sie war mehr als 60 Jahre bei der Mansfelder Bergwerksbahn im Einsatz und kam 2008 nach Rügen.

251 901

Die Diesellok wurde 1964 bei der Firma Gmeinder in Mosbach in Baden gebaut und kam bis 1970 in Baden-Württemberg zum Einsatz. 1971 gelangte sie zu den Steiermärkischen Landesbahnen, wo sie bis weit in die 1990er-Jahre fuhr. 1998 kauften die RüKB die Lok, weil sie eine Diesellok als Vorspann für die Züge nach Lauterbach Mole brauchte, wo ein Umsetzen der Dampflok nicht möglich war. Wenn im Sommer der Zug aus Göhren in Putbus angekommen ist, setzt sich die Diesellok ans Zugende, dann fährt der Dampfzug weiter nach Lauterbach. Von dort geht es gleich wieder zurück nach Putbus, dabei zieht die Diesellok den Zug. In Putbus wird rangiert und die Diesellok abgekuppelt. Die Dampflok füllt ihre Kohle- und Wasservorräte auf, bevor sie den Zug wieder nach Göhren bringt. Im Winter enden die Schmalspurzüge alle in Putbus, nach Lauterbach fahren dann nur die Triebwagen aus Bergen.

Die blaue Schmalspurdiesellok 251 901
im Bahnhof Putbus

Köf 6003

Die Kleinlok wurde 1942 bei Deutz gebaut, Auftraggeber war das Heer. Nach dem Krieg gelangte sie zur Deutschen Reichsbahn. Bis 1961 war sie auf der Schmalspurbahn zwischen Nauen und Kriele im Einsatz, nach der Einstellung des Verkehrs dort gelangte sie auf die Insel Rügen. Ihre Nummerierung wechselte mehrfach. Nachdem sie mehrmals bereits abgestellt war, wurde sie ab 1976 wieder in Putbus als Rangierlok eingesetzt.

Köf 6003 im Lokschuppen in Putbus

Wagen

Und bald wandert das Auge über die vielen Wagen und freut sich, dass alle – obwohl sie sich ähneln – ein wenig voneinander abweichen. Einige haben Holzbänke und entsprechen so der früheren 3. Klasse. Einige haben einfache Polster, andere hingegen richtigen Plüsch. Manche haben Vorhänge. Das Unternehmen gibt sich große Mühe, die Wagen sauber zu halten. Schön klar geht der Blick durch die Fenster.

Der größte Teil des Wagenparks der RüBB in den regulären Zügen besteht aus modernisierten Wagen, auch als „Reko-Wagen" bezeichnet. Ursprünglich stammten die meisten von ihnen aus dem ersten Drittel des 20. Jahrhunderts. Produziert wurde sie bei der HAWA (Hannoversche Waggonfabrik), in Bautzen oder auch in Chemnitz bzw. Werdau.

Die älteren Wagen kommen zur Verstärkung oder bei besonderen Anlässen zum Einsatz. Viele sind für den Winter mit einem richtigen Kohleofen ausgerüstet, bei den sanierten ist er manchmal noch Dekoration.

Plüschklasse im Wagen 971-210

Für Hochzeitsgesellschaften steht ein extra geschmückter Salonwagen bereit, darin kann man sich vorkommen wie der Fürst, der auf weichem Plüsch durch sein Land fuhr. Der Wagen, heute mit der Nummer 971-210 versehen, ist einer der ältesten im Bestand der RüBB. 1900 in Görlitz gebaut, trug er damals bei der Rügenschen Kleinbahn die Nummer 20. Noch älter ist der 1896 ebenfalls in Görlitz gebaute früheren Wagen 15, heute 971-216. Von den anderen Wagen, die schon Anfang des 20. Jahrhunderts auf der Insel fuhren, ist der früheren Wagen 25 der Rügenschen Kleinbahn zu erwähnen, der 1905 bei Beuchelt in Grünberg gefertigt wurde. Heute trägt er die Nummer 971-214. Zum historischen Fahrzeugbestand gehören außerdem einiger von vierachsigen Wagen, die ab 1910 zum Einsatz kamen und eine größere Laufruhe gegebenüber Der älteste Wagen, der noch in Betrieb ist, ist ein 1895

Seit mehr als hundert Jahren sind die Wagen mit den heutigen Nummern 971-216 und 971-214 auf der Insel im Einsatz

für die Bleckeder Kreisbahn gebaute Packwagen. Allen Wagen gemein ist, dass sie recht große Plattformen haben, die auch im Sommer gern von den Fahrgästen genutzt werden. Auch wenn ältere Schilder noch das Herumstehen auf den Plattformen verbieten, ist es doch längst geduldeter Brauch geworden. Wichtig ist aber natürlich, dass man dann mehr als ein Auge auf die Kinder hat. Das mobile Geländer-Dreieck zu den Stufen

Innenansicht eines „normalen" Reisezugwagens

an beiden Seiten, schützt sie nicht ausreichend. Nicht nur für Kinder besonders reizvoll sind die im Sommer eingesetzten Cabriowagen, also offene Wagen, wo man sich Wind und Dampf und Rauch um die Nase wehen lassen kann.
Von den Güterwagen sind nur noch wenige übrig geblieben, sie kommen gelegentlich in Sonderzügen, einige auch für den Fahrradtransport zum Einsatz.

Das Schmalspurnetz auf der Insel bestand zur Zeit seiner maximalen Ausdehnung aus zwei unabhängigen Teilen mit einer Spurweite von 750 Millimetern: im Süden verlief die 59,4 Kilometer lange Strecke von Altefähr über Garz, Putbus und Binz nach Göhren von West nach Ost quer über die Insel. Die andere Strecke, 37,9 Kilometer lang, erschloss von der Inselmitte in Bergen aus über Trent, die Wittower Fähre und Wiek nach Altenkirchen den Nordwestteil der Insel. Kurzzeitig kam der 6,7 Kilometer lange Abzweig von Wiek zum Bug dazu. Verbindungen zur Regelspureisenbahn gab es in Altefähr und (bis heute) in Putbus bzw. in Bergen.

Der 24,3 Kilometer lange Abschnitt von Putbus nach Göhren ist bis heute in Betrieb.
Seit 1999 kam auf 2,9 Kilometer Länge das Dreischienengleis von Putbus nach Lauterbach Mole hinzu, das sowohl von Regel- als auch von Schmalspurzügen benutzt werden kann.
Nur wenige Stationen besaßen Bahnhofsgebäude, kleine Bahnhöfe und Haltepunkte in der Regel nur einfache Wartehallen oder Wellblechbuden. Sehenswert sind die sanierten Stationsgebäude in Binz, Sellin Ost und Göhren, wo man sich auch jeweils in Gaststätten stärken kann. Das Selliner Bahnhofsgebäude, ein eingeschossiges Fachwerkgebäude mit Pultdach, spiegelt dabei noch am ehesten den Stil der ursprünglichen Bahnhofsgebäude wider. Die anderen genannten wurden im ersten Drittel des 20. Jahrhundert erweitert bzw. neu gebaut. Putbus besitzt auch ein eigenes Kleinbahnhofsgebäude, aber Fahrkartenschalter und auch die Verwaltung der RüBB sind in den liebevoll sanierten „großen" Bahnhof gezogen.

Im Depot in Putbus

Auf der anderen Seite der Gleisanlagen in Putbus befinden sich das Depot und die zentrale Werkstatt der Bahn.
Die Strecke Putbus–Göhren war für den Personenverkehr stets die bedeutendste im Netz der Rügenschen Kleinbahnen. Während auf den anderen Abschnitten stets nur drei bis vier Zugpaare fuhren, waren es auf der Bäderbahn je nach Saison deutlich mehr.

Auch heute unterscheidet sich der Fahrplan je nach Jahreszeit. Im Winter fahren sechs Zugpaare alle zwei Stunden zwischen Putbus und Göhren.

Fahrplan und Angebote

Der Abschnitt nach Lauterbach Mole bleibt in der Zeit den Normalspurzügen vorbehalten. Im Sommer sind es sieben Zugpaare alle zwei Stunden zwischen Putbus und Göhren, fünf davon fahren weiter von und nach Lauterbach Mole. Zwischen Binz und Göhren fahren im Sommerhalbjahr von Ende Mai bis Oktober stündlich Züge und das bis spät am Abend. Ein so dichtes regelmäßiges Angebot findet man auf keiner deutschen Schmalspurbahn.

Normalspurzug auf dem Dreischienengleis in Lauterbach Mole

Im Sommer sind dabei ständig drei, im Winter zwei Zuggarnituren im Einsatz. Die zweistündlich fahrenden Züge kreuzen sich in Binz. Wenn Stundentakt besteht, gibt es außerdem Zugkreuzungen in Sellin Ost. Wenn auf der Strecke zu besonderen Ereignissen oder auf Bestellung Sonderzüge fahren, gibt es auch in Posewald Kreuzung, Seelvitz, Garftitz und Baabe Kreuzungsmöglichkeiten. Der Verkehr auf der Strecke wird im Zugleitbetrieb durchgeführt. Der Zugleiter im Bahnhof Putbus kontrolliert den Ablauf der Fahrten, das Zugpersonal steht mit ihm in Verbindung. Dadurch kommt man ohne Signale an der Strecke von Putbus nach Göhren aus.

Fahrkartenausgaben (wo auch diverse Andenkenartikel der Bahn erhältlich sind) gibt es in Putbus, Binz und Göhren (ganzjährig), Sellin (nur im Sommer) und Baabe (Juli und August). Ansonsten erhält man die Fahrkarten natürlich beim Zugpersonal.

Neben Einzel- und Rückfahrkarten für bestimmte Abschnitte bietet die RüBB diverse Kombitickets an. Dazu zählen Fahrten von Göhren und Sellin

99 4633
TAXI

Fahrplan und Angebote

mit dem Schiff zur Kreideküste bei Sassnitz und zurück nach Binz samt Bahnfahrt von Binz zum Ausgangsbahnhof. Auch Fahrten nur zwischen Göhren, Sellin und Binz per Bahn und Schiff sind möglich. Eine andere mögliche Kombination sind Rundfahrten zwischen Baabe und Lauterbach, ein Weg per Schiff über den Bodden, einer per Bahn. Auch die Bahnfahrt zwischen Göhren und Baabe oder Rundfahrten von einer Zwischenstation der Strecke sind eingeschlossen.

Ein Zug aus Putbus fährt in den Bahnhof Binz LB ein

Entlang der Strecke des Rasenden Rolands

Viele kennen die Bahn nur auf ihrem Abschnitt an der Küste. Hier liegen mit Binz, Sellin und Göhren die drei größten Ostseebäder der Insel. Und ja, hier lässt sich die Bahn prima mit einem Strandurlaub verbinden. Eine Wanderung am Strand unterhalb der beeindruckenden Steilküste oder durch die schönen Wälder der Granitz kann man wunderbar mit einer Bahnfahrt auf dem Hin- oder Rückweg kombinieren.

Aber auch der „Binnenland"-Abschnitt von Putbus nach Binz durch eine schöne ruhige Hügellandschaft ist sehr reizvoll. Eindrucksvoll dampft das Bähnchen durch die Kurven,

Souvenierartikel Roland-Möwe in Uniform

weit ist es zu hören. Fast überall sieht man den Turm des Jagdschlosses Granitz als „Leuchtturm" über der Landschaft.

Auch Bahn und Schiff sind eine reizvolle Kombination. Hierzu gibt es Kombitickets (siehe im Abschnitt „Angebote") für eine Rundfahrt von Binz nach Sellin oder Göhren per Bahn und Schiff und zu den Kreidefelsen bei Sassnitz. Auch Fahrkarten für Rundfahrten Lauterbach Mole–Baabe per Schiff und Bahn werden angeboten.

Ebenfalls kann man auch Bahn und Fahrrad kombinieren. Selbstverständlich nimmt der „Rasende Roland" natürlich auch Fahrräder mit, im Sommer sogar in zusätzlich zum Packwagen mitgeführten Fahrradwagen. Der Ostseeküsten-Radweg führt an der Ostküste der Insel über Binz durch die Wälder der Granitz nach Sellin und Göhren und weiter nach Thiessow an der äußersten Südostspitze der Halbinsel Mönchgut. Weiter verläuft er auf der Boddenseite zurück nach Baabe und Sellin.

Mit einer Ruderbootfähre kann man wie in alter Zeit in Moritzdorf bei Baabe den Weg abkürzen. Am Südufer der Insel kann man wunderbar nach Lauterbach und Putbus radeln, wo man wieder in den Zug einsteigen kann.

Zu den Geheimtipps der Insel gehören romantische Halbinseln und Buchten auf der Westseite von Mönchgut am Bodden. Das Reddevitzer Höft etwa, das sich wie ein vier Kilometer langer Finger vom malerischen Fischerdörfchen Alt Reddevitz nach Westen erstreckt. Mit dem

Auch Fahrräder dürfen mitfahren

Fahrrad ist man schnell von den Stationen Baabe oder Philippshagen dort. Von einem Höhenzug nördlich von Alt Reddevitz hat man einen wunderbaren Blick über die Bucht der „Having“ auf Baabe und die Höhen der Granitz mit dem Turm des Schlosses.

Die Stationen von Lauterbach bis Göhren

Insgesamt liegen 14 Stationen an der noch von der Schmalspurbahn betriebenen Strecke. Die Hälfte von ihnen sind „Bahnhöfe“ im betrieblichen Sinne, d.h., sie besitzen mindestens noch eine Weiche, so dass sich dort Züge kreuzen können. Neben Putbus und Göhren sind Binz und Sellin Ost die wich-

Lauterbach Hafen

tigsten von ihnen. Hier begegnen sich die fahrplanmäßigen Züge. Falls außerdem noch weitere Züge unterwegs sind, kann man auch in Posewald, Seelvitz und Garftitz sich mit Gegenzügen kreuzen.

Lauterbach Mole

Der Name „Mole“ verrät schon, hier ist man direkt am Wasser, genauer gesagt am Bodden. Segler kommen hier auf ihre Kosten. Natürlich gibt es auch etliche Möglichkeiten, frisch gefangenen Fisch zu kosten.

Lauterbach ist das älteste Seebad auf Rügen. Der Ort trägt seinen Namen übrigens nicht von einem lauten Bach, sondern es war der Geburtsname der Ehefrau von Fürst Wilhelm Malte I. zu Putbus, der das Bad um 1815 anlegen ließ.
Es war, obwohl „nur“ am Bodden und nicht am Meer gelegen, das älteste Seebad der Insel, das klassizistische Badehaus Goor erinnert an die Zeit. 1890 erreichte die Eisenbahn aus Bergen den Ort. Seit 1998 enden die Züge im Haltepunkt Lauterbach Mole direkt am Wasser. Ein Jahr später ging das Dreischienengleis in Betrieb, so dass seitdem die Dampfzüge des Rasenden Roland direkt zum Bodden fahren können. Im alten Bahnhof Lauterbach halten aber nur die Züge der Normalspurbahn.

An der Mole in Lauterbach gibt es nur ein einziges Gleis, das von den Triebwagen der Normalspurbahn und den Zügen des Rasenden Roland abwechselnd benutzt wird. Weil die Lok hier nicht umsetzen kann, setzt sich eine Diesellok in Putbus ans andere Ende des Dampfzuges.
Gegenüber von Lauterbach liegt die Insel Vilm, einst Feriensitz der DDR-Regierung, heute strenges Naturschutzgebiet.

Im alten Bahnhof von Lauterbach halten nur die Züge auf Normalspur aus Bergen

Putbus

Im Bahnhof besteht Anschluss zu den Zügen der PRESS auf großer Spur nach Bergen. Die Bahn hatte ein großes Empfangsgebäude, das schön saniert ist und nun von der PRESS genutzt wird. Hier findet man die Fahrkartenausgabe, die Ver-

waltung der Rügenschen Bäderbahn und eine Gaststätte, eine weitere Gaststätte gibt es am Bahnsteig. Die eigentlichen Anlagen der Kleinbahn liegen neben denen der Normalspurstrecke. Auf der hinteren Seite des Bahnhofsgeländes sind die Werkstätten der Kleinbahn angesiedelt.

Die fürstliche Residenzstadt Putbus liegt oberhalb des Bahnhofs. Putbus ist die Stadt des Fürsten Malte von Putbus, der 1807 in den schwedischen Fürstenstand erhoben wurde.

Bahnhof Putbus

1814 verhandelte der Fürst die Übergabe zu Preußen und erhielt dafür 1817 die Bestätigung seiner Fürstenwürde. Jetzt war er ein gemachter Mann und es begannen die Glanzzeit und der Bau der Schlösser auf Rügen. Das Schloss verfiel nach dem Zweiten Weltkrieg und wurde 1962 ganz beseitigt. Als Trost verlieh man Putbus dann das Stadtrecht. Und Schlosspark mit Orangerie sind erhalten, hinzu kommt eine Vielzahl von

Idylle in Posewald

weißen, klassizistischen Bauten in der Innenstadt, vor allem um den „Circus" genannten runden zentralen Platz der Stadt.

Beuchow

Der Haltepunkt Beuchow liegt auf freiem Feld, nur wenige Häuser sind in seiner Nähe. Das Dorf Vilmitz südlich des Bahnhofs hat eine wunderschön auf einer kleinen Anhöhe gelegene Kirche. Sie diente lange als Grablege der Herren von Putbus, einige alte Gräber auf dem Friedhof an der Kirche sind sehenswert.
Unweit der Station liegen zwei prähistorische Großsteingräber, das eine in einer Kurve direkt an der Bahnstrecke, das andere im nahen Dörfchen Lonvitz.

Posewald

Hier lohnt sich ein Besuch des Gutshauses mit einem schönen Park gleich am Bahnhof. Man kann die Wartezeit am Bahnsteig gesund naschend verbringen, da hier eine Streuobstwiese bis an das Gleis reicht.

Zug nach Putbus in der hügligen Landschaft bei Seelvitz

Seelvitz

Seelvitz ist ein stiller, historisch belassener einsamer Bahnhof in freier Landschaft. Südlich der Station ist eine Anhöhe von der man sehr schön die Züge beobachten kann. Nordwestlich des

Bahnhofs liegt der „Teufelsstein", ein steinzeitliches Großsteingrab.

Serams

Serams ist genau das Gegenteil von Seelvitz: keine Naturidylle, sondern ein modernisierter Bahnsteig mit Stahlrampen zu den Bussen. Stündlich kann man zwischen den Bussen in Richtung Bergen, Sassnitz und auf die Halbinsel Mönchgut umsteigen. Auf der nahen Bundesstraße rauscht der Verkehr.

Binz Landesbahn

Binz ist das wichtigste touristische Zentrum der Insel mit einer entsprechenden Infrastruktur und vor allem in der Hochsaison pulsierendem Leben. Um 1900 entwickelte sich der Ort mit seiner schönen Bäderarchitektur. 1912 stürzte die Seebrücke ein, was 17 Menschen das Leben kostete, aus diesem Grunde wurde ein Jahr später die DLRG gegründet. Ihr Nachfolgebau hielt sich bis 1942. Erst 1994 ging die dritte, 350 Meter lange, Seebrücke in Betrieb.

Das berühmte Seebad hat zwei Bahnhöfe. Der „Große Bahnhof“ liegt im Norden des Ortes und ist viel jünger als der der Kleinbahn.

Das historische Gebäude des Kleinbahnhofs, der lange Zeit „Binz Ost“ hieß, ist liebevoll saniert und beherbergt eine Gaststätte und eine Touristinformation. Er liegt am Ortsrand etwas oberhalb des Ortes am Anfang der Hänge der Granitz. In den Ortskern des Seebads ist es aber nicht weit

Bahnhof Binz mit historischem Zugzielanzeiger und Zug nach Göhren

oder man besteigt am nahen Parkplatz das Bimmelbähnchen zum Jagdschloss. Dieses erreicht man aber auch schnell von den beiden nächsten Haltepunkten zu Fuß.

Der Ortsteil Prora nördlich von Binzwurde dadurch bekannt, dass im Dritten Reich die Organisation „Kraft durch Freude“ (KdF) hier Massentourismus plante und dazu ein 4,5 Kilometer langes Unterkunftsgebäude zu errichten begann. Es wurde nie fertig. Nach dem Krieg dienten die nutzbaren Teile der Anlage als Kaserne. Erst in den letzten Jahren wird sie nach langer Zweckentfremdung und teilweisem Leerstand nach und nach wirklich als Feriendomizil genutzt. Eine große Jugendherberge befindet sich in dem Bau und mehr und mehr Eigentumswohnungen werden ausgebaut, wobei man sich nicht scheut, mit der Vergangenheit als geplantes KdF-Bad zu werben. Eine Ausstellung im „Prora-Zentrum“ erinnert an die Geschichte.

Für den Eisenbahnfreund bietet Prora das Eisenbahn- & Technikmuseum. Es liegt unweit vom Bahnhof Prora der Regelspurstrecke. Man kann das Museum auch vom Binzer Kleinbahnhof direkt mit dem Bus in Richtung Sassnitz bis Prora, Poststraße erreichen.

Viel Dampf macht 99 1782 auf ihrem Weg von Binz in die Berge vorbei am Jagdschloss Granitz

Jagdschloß

Der Rasende Roland erklimmt mit mächtigem Gefauche und Gerauche einige Höhenmeter bis er zischend und zitternd mitten im Wald die Gäste ausspuckt. „Jagdschloß", noch mit „ß", steht am Stationsschild. Man staunt, welch große Wartehalle hier am kleinen Gleis im Wald errichtet wurde.

Der Fahrweg zum Schloss ist gut ausgeschildert. Auf dem über 100 m hohen Tempelberg thront seit 1846 das Jagdschloss Granitz. Der Weg ist steil. Der 38 m hohe Turm wurde von Schinkel in die Burganlage komponiert. Er ist nachts angestrahlt und über die ganze Insel zu sehen. Entsprechend grandios ist der Ausblick vom Turm.

Die Turmbesteigung des Schinkelturms ist aber nur für Schwindelfreie geeignet: Durch die Eisenstufen der Wendeltreppe kann man schön nach unten gucken.

Den Abstieg könnte man dann gleich

Zug mit Cabrio-Wagen im Haltepunkt Jagdschloß.

zum nächsten Haltepunkt Garftitz machen, beide Stationen sind einen guten Kilometer vom Schloss entfernt.

Garftitz

Obwohl auch dieser Bahnhof wieder recht einsam auf einer kleinen Anhöhe liegt, ist er doch durch die Nähe zum Jagdschloss so gut frequentiert, dass sich hier in der Saison ein gut sortier-

Bahnhof Garftitz im tiefen Winter

ter Imbiss etabliert hat. Der immerhin 50 m über dem Meer gelegene Bahnhof hat fast Mittelgebirgscharakter.
Ein beliebter Wanderweg verläuft durch die Buchenwälder zum nächsten Bahnhof Sellin West. Dieser Weg verläuft erst am Waldrand und später parallel zur Bahn.

Sellin West

Das Ostseebad Sellin hat zwei Stationen, Sellin West und Sellin Ost. Die Seebrücke ist von beiden Stationen jeweils etwas über einen Kilometer entfernt. Mit ihren 394 Metern Länge ist sie die längste Seebrücke der Insel. Sie hat gleich zwei Besonderheiten: der Ort liegt so hoch am Steilufer über dem Meer, dass zwischen Ort und Brücke ein Schrägaufzug gebaut wurde. Und vorne an der Spitze ragt etwas aus dem Wasser, was ein riesiger Eierwärmer aussieht: das ist die Verkleidung der 30 Personen fassenden Tauchgondel.

Sellin Ost

Ähnlich wie in Binz besitzt der Selliner Ostbahnhof ein historisches Bahnhofsgebäude mit Gaststätte. Dies ist älter als das im 20. Jahrhundert vergrößerte Binzer Bahnhofsgebäude und damit eins der wenigen erhaltenen Gebäude aus der Bauzeit der Strecke.

Die Wartehalle des Bahnhofs Sellin Ost stammt noch aus der Eröffnungszeit der Strecke um das Jahr 1896

Baabe

Baabe ist ein etwas kleineres Ostseebad als die Nachbarorte. Vom Bahnhof sind es nur gut 500 Meter bis zum Strand. Anders als in Sellin und Göhren ist die Küste hier recht flach. Von Sellin über Baabe bis Göhren verläuft eine beliebte Promenade und ein Radweg parallel zum Strand. Unweit des Strands erfährt man im Mönchguter Fischermuseum etwas über die Fischereigeschichte der Region.
Während in Binz, Sellin und Göhren die Schiffe auf der Ostsee die Küstenorte bedienen, hat Baabe einen Hafen auf der Boddenseite. Schiffe fahren von hier nach Lauterbach und um die Insel Vilm.

Phillipshagen

Philippshagen ist ein kleiner Haltepunkt fern des gleichnamigen Ortes mitten im Wald.

Göhren

Der Ort trägt das slawische „Gora“ im Namen, das bedeutet „Berg“. Und den Berg merkt man, wenn man versucht vom Bahnhof hoch in den Ort zu laufen. Seit 2015 führt unweit des Bahnhofs sogar ein Schrägaufzug nach oben. Schnell kommt man vom Bahnhof an den Strand und auf die Seebrücke.

Von der Seebrücke fahren regelmäßig Dampfer die ganze Ostküste Rügens lang. So kommt man auch ganz bequem zum Anblick der Kreideküste bei Sassnitz. Ein Stück rechts von der Brücke kann man einen Gegenstand im Wasser erahnen. Ein Wal? Ein Wrack? Es ist der „Buskam", Deutschlands größter Findling,

Der Bahnhof selbst ist ebenfalls zumindest teilweise saniert, von der Gaststätte kann man den Lokomotiven beim Umsetzen zusehen und beobachten, wie der Kessel der Lok mit frischem Wasser versorgt wird.

Der Güterschuppen des Bahnhofs Göhren beherbergt heute eine Gaststätte

Die „Mönchguter Museen“ im Dorf informieren über Geographie, Geologie und das Leben auf der Halbinsel Mönchgut von der Urgeschichte bis in die jüngere Vergangenheit. Dazu gehört eine Sammlung der berühmten „Mönchguter Trachten“ und Exponate zur Seefahrtsgeschichte. Sie sind über verschiedene Standorte im Ort verteilt. Das Heimatmuseum liegt in der Seestraße/ Thiessower Straße. Ein Stück die Thiessower Straße aufwärts befindet sich das „Rookhus“, ein altes rohrgedecktes Haus, wo das Leben der ärmeren Bevölkerung anschaulich dargestellt wird. Am Ende der Straße liegt an Land die „Luise“, ein 1906 gebauter Küstenfrachter. Heute ist sie ein technisches Denkmal und Teil der Museen. Bei Rookhus und bei der Luise lohnt sich schon ein Besuch von außen.

Göhren ist ein guter Ausgangspunkt für Fahrten mit Fahrrad oder Bus in den Süden der Halbinsel Mönchgut zu den Sandstränden südlich von Lobbe, zum beschaulichen Badeort Thiessow oder nach Groß Zicker mit dem sehenswerten Pfarrwittwenhaus und der naturgeschützten Halbinsel

Zickersches Höft mit wunderbaren Ausblicken auf die Landschaft zwischen Bodden und Meer.

Altefähr–Putbus

Die Strecke begann am Bahnhof Altefähr. Die jetzige Station entstand erst mit dem Bau des Rügendamms 1936. Die Reste des ersten Bahnhofs des Ortes am Fähranleger wurden leider 2014 abgerissen.

Ehemaliges Eisenbahnerwohnhaus am Schmalspurbahnhof Altefähr

Auf der Südseite der Gleise erkennt man einige Reste der Schmalspurbahn. Das kleine Empfangsgebäude steht leer am Rand der Ladestraße. Es ist denkmalgeschützt, ebenso wie der Lokschuppen und ein Eisenbahnerwohnhaus ein paar Meter landeinwärts.

Die Kleinbahn führte von hier auf über 35 Kilometer über Garz nach Putbus, auf der Straße sind es zehn Kilometer

Auf dem Viadukt in Putbus kreuzte die Strecke aus Altefähr die Normalspurbahn aus Bergen

weniger. Die Bahn erschloss so nicht nur die auf dem direkten Weg liegenden Orte wie Gustow und Poseritz sondern auch weit abseits gelegene Güter wie Venzvitz oder Puddemin. Dies war auch der Grund für den kurvenreichen Verlauf: so mancher Gutsbesitzer unterstützte den Streckenbau nur, wenn auch „sein" Gut mit angebunden wurde. Aber so war die Bahn im Personenverkehr zu den Bussen nicht mehr konkurrenzfähig. Fast drei Viertel der windungsreichen Trasse kann man heute mit dem Fahrrad befahren: Auf ihr verläuft der Ostseeküsten-Radweg.

Eine größere Anschlussbahn führte von Garz nach Westen zu einem Kreidebergbau bei Klein Stubben. Dieser war bis 1959 in Betrieb. Die Kreide wurde hier auf die Bahn verladen und im Hafen Puddemin an der Südküste der Insel verladen. Hier gab es ebenfalls eine kurze Anschlussbahn. Von der Strecke nach Klein Stubben sieht man nicht mehr viel. Aus dem Kreidetagebau ist ein idyllischer Waldsee geworden, mit herrlich klarem grünen Wasser.

Auf Spurensuche: Reste der alten Strecke

Die meisten Stationen verfügten nur über einfache Wartehallen. Von ihnen findet man nur wenige Spuren. Erhalten ist ein Lokschuppen in Garz. Er steht heute ebenso auf der Denkmalliste wie das wohl größte Einzelbauwerk der rügenschen Schmalspurbahnen: das Viadukt in Putbus nördlich des Bahnhofs.

Reste der Kreideverlageanlage in Klein Stubben. Heute ist der Tagebau ein schöner See.

Auf Spurensuche: Reste der alten Strecke

Hier überquerte die Strecke aus Altefähr die Regelspurstrecke, um in den Kleinbahnhof einfahren zu können. Ursprünglich kreuzten sich beide Strecken ebenerdig, aber das wurde dann zu gefährlich und man entschied sich, eine Brücke zu bauen, die 1911 fertig wurde. Wegen des merklichen Höhenunterschiedes musste ein eindrucksvolles Viadukt gebaut werden, das man wohl

Die nie in Betrieb gegangene Kreideverladungsanlage in Wiek ist eine über 100 Jahre alte Investruine und heute ein Baudenkmal

eher in anderen Gegenden vermuten würde. Man sieht es gut, wenn man bei aus dem Zug nach Göhren gleich nach Verlassen des Bahnhofs Putbus nach links schaut.

Bergen–Altenkirchen

Die ersten Spuren der Schmalspurbahn sind bereits zu sehen, wenn man auf den Bahnsteigen der Hauptbahn im Bahnhof Bergen steht und in Richtung Sassnitz blickt. Links, unter der Fußgängerbrücke, findet man Bahnhofsgebäude und Güterschuppen der Schmalspurbahn.

Von der Trasse ist weniger erhalten geblieben als von der Altefährer Strecke. Nur auf einzelnen Abschnitten verlaufen Wege, teilweise sieht man noch Spuren im Gelände. Die bekannte Wittower Fähre ist modernisiert worden. Auf beiden Seiten sind die alten Fähranleger erhalten und stehen unter Denkmalschutz.

Der größte Ort jenseits der Fähre ist Wiek. Der Bahnhof lag direkt am Hafen, von ihm selbst ist nichts mehr zu sehen. Bemerkenswert ist aber eine große Kreideverladebrücke am Wasser. Ein Kuriosum: sie war niemals in Betrieb. Gebaut wurde sie in den Jahren des Ersten Weltkriegs und ist eins der ersten Bauwerke aus Stahlbeton. Bei Kap Arkona wollte man damals große Kreidebrüche erschließen, die Kreide sollte per Schmalspurbahn in den Wieker Hafen gebracht und dort auf Schiffe geladen werden. Dazu kam es aber nie. Aus heutiger Sicht ein Glück, denn so können wir die Kreidefelsen bei Arkona so erleben, wie wir sie kennen. Und die Brücke in Wiek ist so eine sehr eindrucksvolle Investruine, über hundert Jahre alt, die in den letzten Jahren saniert wurde.

Nördlich von Wiek finden wir sowohl in Richtung Altenkirchen als auch auf dem Abzweig nach Dranske abschnittsweise Radwege auf der alten Trasse. Im Bahnhofsbereich von Altenkirchen sind einige kleinere Gebäude erhalten geblieben und denkmalgeschützt.

Ehemaliger Bahnhof Altenkirchen

Ein paar Daten und Fakten

- **Länge des Streckennetzes**
  heute: 26,8 Kilometer
- **maximale Netzlänge** (1920): 105,8 Kilometer
- **Stationen** heute: 13
- **Spurweite**: 750 mm
- **Betreiber**:
  Eisenbahn-Bau- und Betriebsgesellschaft Pressnitztalbahn mbH (PRESS)
  Bahnhofstraße 14, 18581 Putbus
  038301 / 8840-12
  ruegen@pressnitztalbahn.com
- **Lokomotiven**:
  8 Dampflokomotiven,
  2 Diesellokomotiven
- **Züge** je Tag und Richtung: 6 ganzjährig, 7 Putbus–Binz (Sommer), 13 Binz–Göhren (Sommer)
- **Höchstgeschwindigkeit**: 30 km/h
- **Reisezeit** Putbus–Göhren 73–75 min
- **Fahrgäste** pro Tag: durchschnittlich ca. 1750, im Sommer deutlich mehr
- **Mitarbeiter bei der RüBB:** etwa 50, im Sommer mehr, im Winter weniger

Denkmalgeschützte Objekte der Schmalspurbahnen auf Rügen

Fahrzeuge

Loks: 52 Mh, 53Mh, 994801, 994802, Köf 6003 diverse Personen- und Güterwagen

Putbus

Kleinbahnhof mit Abfertigungsgebäude, alter Lokschuppen, Triebwagenschuppen, KfZ-Garage; Verwaltungsgebäude; Dienstwohngebäude; Brückenviadukt

Das ehemalige Gebäude des Kleinbahnhofs Putbus. Heute nutzt die RüBB das große Gebäude des Staatsbahnhofs daneben

Strecke Putbus–Göhren
Binz: Kleinbahnhof, Stationsgebäude
Sellin West: gleisseitige Fassade und Toilettenhäuschen
Sellin Ost: ehem. Stationsgebäude
Philippshagen: Kleinbahnhof mit Gaststätte und Fahrkartenhaus
Göhren: Kleinbahnhof mit Empfangsgebäude, Dienstgebäude und Dienstwohngebäude
Strecke Altefähr–Putbus
Altefähr: Bahnhof der Kleinbahn mit Empfangsgebäude, Lokschuppen, Dienstgebäude
Garz: ehemaliger Lokschuppen
Strecke Bergen–Altenkirchen
Bergen: Kleinbahnhof mit Empfangsgebäude und Güterboden
Wittower Fähre: ehemaliger Anleger der Fähre (Süden)
Fährhof: Anleger der ehemaligen Wittower Fähre an der Nordseite
Wiek: Kreidehafen mit Verladebrücke
Altenkirchen: ehem. Kleinbahnhof mit Funktionsgebäude, Lok- und Triebwagenschuppen

Literaturhinweise

- Walter Bauchspies, Klaus Kieper, Klaus Jünemann, Das große Buch der Rügenschen Kleinbahnen, Verlag Feld- und Schalspurbahnen Karl Paskarb. Celle 2005, ISBN 9783938278017
- Klaus-Jürgen Kühne,
  Alles über den Rasenden Roland, Transpress, Stuttgart 2011, ISBN 9783613714045
- Radke, Detlef
  Achtung, Kleinbahn hat Vorfahrt, Radke-Verlag, Schwerin, 1991

Lang und bunt gemischt sind die Züge im Sommer auf der Strecke, hier bei Sellin

Die Rhino Westentaschen-Bibliothek

001 Weisheiten von Goethe und Schiller
002 Klassische Küchenkräuter
003 Klassische Heilkäuter
004 Klassische Gewürze
005 Homöopathische Hausapotheke
006 Gesundheit aus der Tasse
007 Das Monats- & Feiertagsbüchlein
008 Großmutters Küchentipps
009 Großmutters Haushaltstipps
010 Klassisches Gemüse und Wildgemüse
011 Klassisches Obst und Wildfrüchte
012 Mit Bauernregeln durch das Jahr
013 Kleines Thüringer Bratwurst-Buch
014 Kleines Thüringer Kloßbuch
015 Kleines Skatbuch
016 Luther – Weisheiten und Lebensstationen
017 Cranach – Die Maler der Reformation
018 Klosterweisheiten
019 Großmutters Gesundheitstipps
020 Kleines Usedom-A–Z
021 Redewendungen auf der Spur
022 Pearls of wisdom by Goethe and Schiller
023 Das kleine Buch der Thüringer Schlösser
024 Das kleine Buch der Thüringer Burgen
025 J. S. Bach – Stationen seines Lebens und Wirkens
026 Thüringer Kuchen und Plätzchen
027 Das kleine Kürbisbuch
028 Buddhistische Weisheiten
029 Großmutters Gartentipps
030 Weimar von A bis Z
031 Kleines Berliner Mauerbuch
032 Rügen von A bis Z

033 Das kleine Ostseemöwen-Buch
034 Sojourns an Sayings of Marthin Luther
035 iga, egapark, BUGA – Blumenstadt Erfurt
036 Heil- und Kräuterschnäpse
037 Kleines Thüringer Bierbuch
038 Friedrich Fröbel – Stationen seines Lebens und Wirkens
039 Großvaters Handwerkstipps
040 Weisheiten für den Gartenfreund
041 Kleines Ringelnatz-Buch
042 Das kleine Waldbeerenbuch
043 Das kleine Hochzeitsbuch
044 Thomas Müntzer – Stationen seines Lebens und Wirkens
045 Kleine Geschichte der Stadt Erfurt
046 Kleine Geschichte der Stadt Gotha
047 Auf den Spruch geklopft
048 Der Harz von A bis Z
049 Das kleine Strandbuch
050 Ilmenau von A bis Z
051 Futtern wie bei Luthern
052 bauhaus
053 Bibelsprüche

054 Das kleine Buch der Wettiner
055 Thüringer Landgrafen – Geschichte und Sagenwelt
056 Kleine Geschichte Thüringens
057 Der Rasende Roland
058 kreuz & quer ged(l)acht
059 Das kleine Buch der Thüringer Klöster
060 Wiederentdeckte Kräuter

Neuerscheinungen Sommer 2017

RHINOVERLAG

STADTINFORMATION
BERGEN AUF RÜGEN